キャラクターしょうかい

のはら ひろし

しんちゃんの
お父さん。

シロ

しんちゃんの
あい犬。

のはら みさえ

しんちゃんの お母さん。

のはら ひまわり

しんちゃんの いもうと。

のはら一家

のはら しんのすけ

お気らくな 5さいの 男の子。
みんなから 「しんちゃん」と よばれて いる。
きれいな おねいさんと チョコビが 大すき。

**ようちえんの
ともだちと
先生**

えんちょう先生

よしなが先生

まつざか先生

あげお先生

あいちゃん

しんちゃんに
こいする おじょうさま。

黒磯

あいちゃんの
ボディーガード。

ボーちゃん

石あつめが しゅみ。

マサオくん

ちょっぴり
なき虫。

風間くん

べんきょうが
とくい。

ネネちゃん

リアルおままごとが
大すき。

アクション仮面

しんちゃんが
あこがれる ヒーロー。

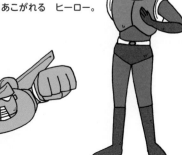

埼玉べにさそりたい

スケバン女子高生 3人ぐみ。
本とうは いい人。

カンタムロボ

しんちゃんが すきな
アニメの しゅ人こう。

ぶりぶりざえもん

しんちゃんが つくった
せいぎ(?)の ヒーロー。

JN014054

この ドリルの つかいかた

1 「どうにゅうまんが」を よむ!

2 「けいさんれんしゅうページ」に とりくむ!

3 「けいさんパズル」「おさらいテスト」で ふくしゅう!

4 「かくにんテスト」で たしかめ!

1

その たんげんで 学ぶ けいさんを つかった、たのしい オリジナルまんがだよ。

まんがは 左から 右へ そして、下へ よもう。

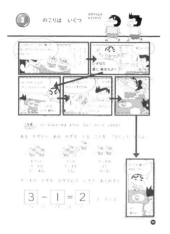

ここで せつめいした ことを れんしゅう するよ。

2

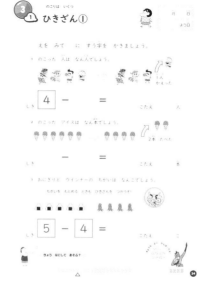

とりくんだ 日にちと よう日を かこう。

けいさんして こたえを かこう。

「クレヨンしんちゃん」 キャラクターの はげましの(!?) ことばだよ。

ページの 学しゅうが おわったら、 「ぶりぶりシール」を ここに はろう!

3

けいさんの 学しゅうが どれだけ すすんだかを しめす 「がんばりメーター」だよ。
三かくじるしが 右へ いくほど すすんで いるよ。

たんげんごとに パズルや テストで けいさんの おさらいを しよう。

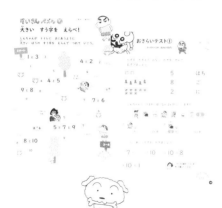

4

1年生の けいさんの たしかめテストだよ。

おうちの方へ

お子さんが学習を終えたら、巻末の「こたえのページ」を参照のうえ、丸つけをしてください。
「おさらいテスト」に取り組む際は、ページ下部の「みさえの声かけアドバイス」を参考に、お子さんに声をかけてください。
各キャラクターのセリフや言い回しは、原作まんがに準じた表現としています。

1から 10までの かず

1から 10まで じゅんばんに かぞえるのだ!
できたら 10から 1まで じゅんばんに かぞえよう!

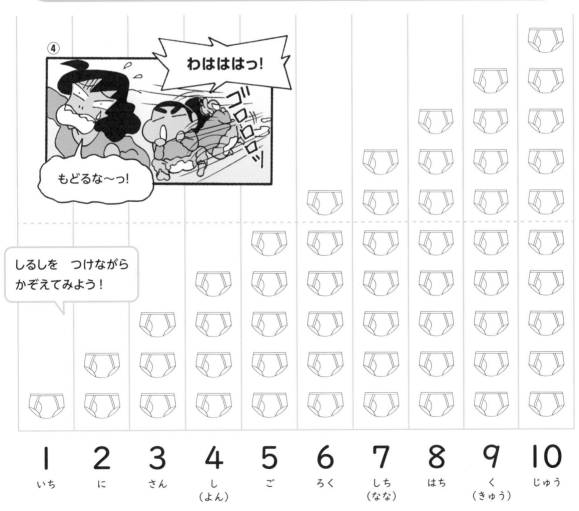

しるしを つけながら
かぞえてみよう!

1	2	3	4	5	6	7	8	9	10
いち	に	さん	し (よん)	ご	ろく	しち (なな)	はち	く (きゅう)	じゅう

1から 5までの かず

こえに 出して よみながら すう字を かきましょう。

① 　いち　1

② 　に　2

③ 　さん　3

④  　し(よん)　4

⑤   　ご　5

ボールの かずだけ ○ を ぬりましょう。
□に すう字で かずを かきましょう。

こたえ　　　こ

どうせなら ラップちょうて ノリノリに やらない?

おわったら
ぶりぶり
シールを
はろう

きょうも よく がんばったぞ!

△

4

6から 10までの かず

月	日
よう日	

① こえに 出して よみながら すう字を かきましょう。

① 　ろく

② 　しち（なな）

③ 　はち

④ 　く（きゅう）

⑤ 　じゅう

② ウインナーの かずだけ ◯を ぬりましょう。
□に すう字で かずを かきましょう。

こたえ 　　　こ

 さて ひとしごと おわり‼ おちゃても のもーっと。

おわったら ぶりぶり シールを はろう

1から 10までの かず①

おなじ なかまの かずを かぞえて その かずだけ
を ぬりましょう。　 に すう字を かきましょう。

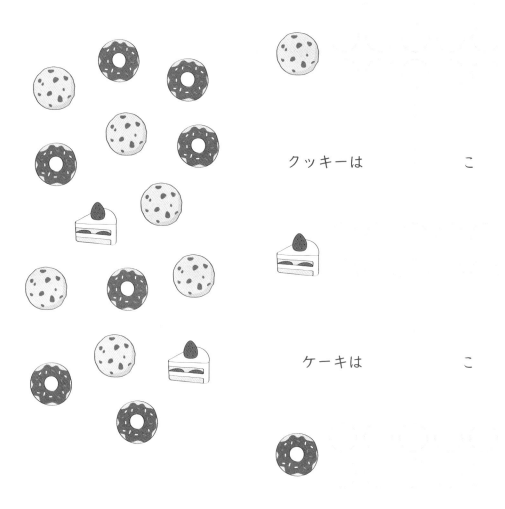

クッキーは 　　　こ

ケーキは 　　　こ

しるしを
つけながら
かぞえるゾ！

ドーナツは 　　　こ

そうだ!! しんのすけに かしてた 本 そろそろ かえしてくれよ。

1から 10までの かず②

① シロ（）を かぞえて、
□に かずを かきましょう。

オレは
かぞえないように!!

① ② ③ ④

② みさえの ほう石（）を かぞえて、
□に かずを かきましょう。

やすかったのよ♡

① ② ③ ④

 この あと 田んぼに カエル とりに いこう。

きょうも よく がんばったぞ!
おわったら
ぷりぷり
シールを
はろう

① ⑤ かずの 大きさ くらべ①

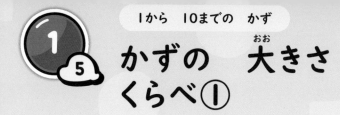

① えの かずだけ ◯を ぬりましょう。
かずの おおい ほうの （ ）に 〇を かきましょう。

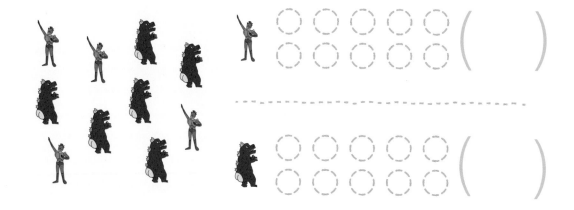

② どちらの かずが 大きいですか。◯を ぬって、
大きい ほうの かずの
〇を なぞりましょう。

ぬった ◯の かずを
かぞえて みれば〜?

① 3と5

② 8と7

おおっ おじょうずう。

おわったら ぷりぷり シールを はろう

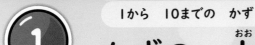

かずの 大きさ くらべ②

月　日

よう日

---

1 どちらの かずが 大きいですか。
大きい ほうの かずを □に かきましょう。

① 2 と 1

② 5 と 4

③ 6 と 7

④ 8 と 9

⑤ 7 と 3

⑥ 8 と 10

---

2 いちばん 大きい かずを □に かきましょう。

① 3 と 8 と 4

> まずは
> 2つの かずを
> くらべるのも いいぞ。

② 9 と 2 と 5

あと 30年 ローン のこってるのに…。

おわったら **ぷりぷり シール**を はろう

9

けいさん パズル ①

大きい すう字を えらべ!

しんちゃんが トイレに まにあうように
大きい ほうの すう字を えらんで つれて いこう。

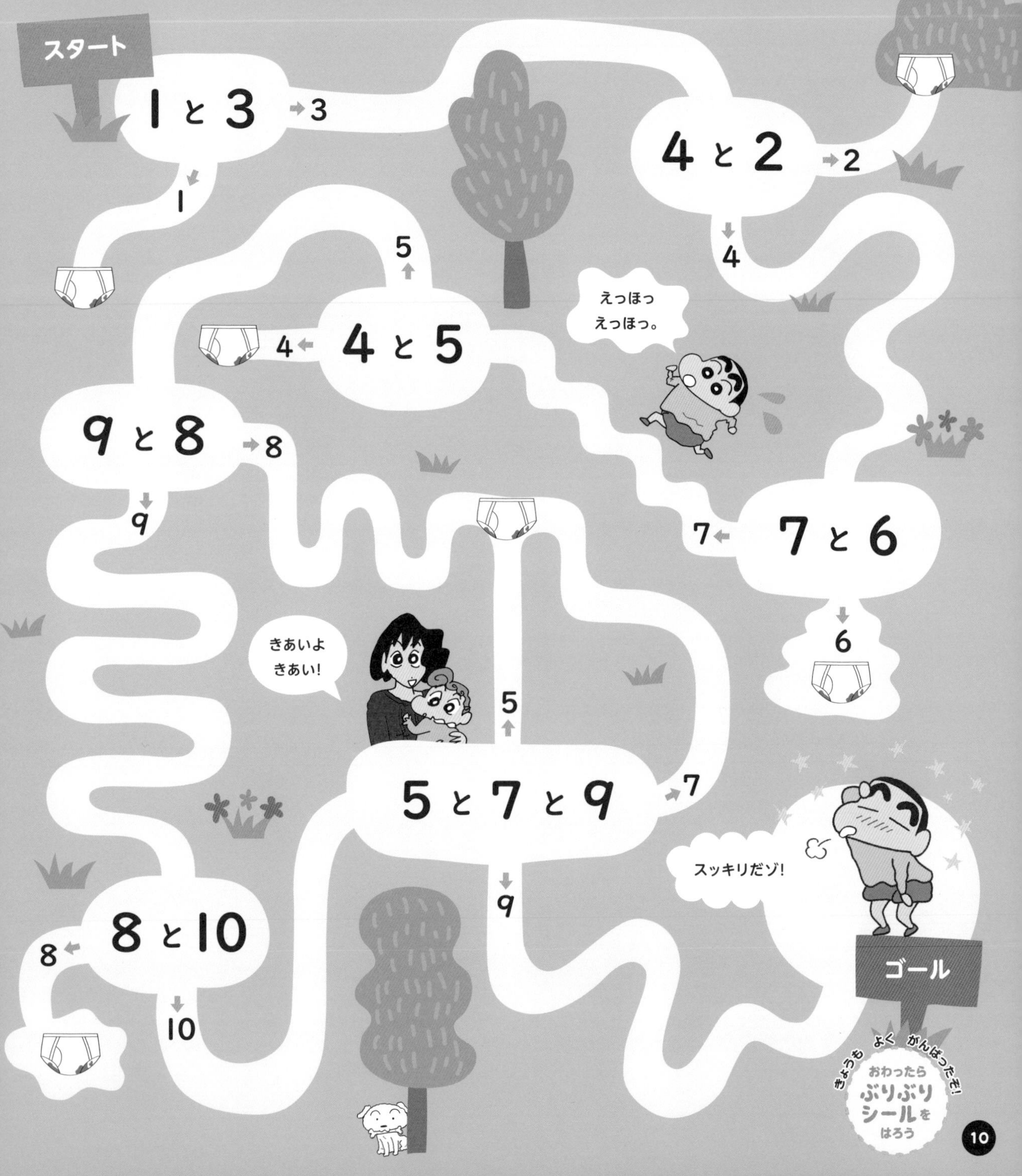

大きい ほうだゾ!

えっほっ えっほっ。

きあいよ きあい!

スッキリだゾ!

スタート

1 と 3 → 3
↓ 1

4 と 2 → 2
↓ 4

5 ↑
4 ← 4 と 5

9 と 8 → 8
↓ 9

7 ← 7 と 6
↓ 6

5 ↑
5 と 7 と 9 → 7
↓ 9

8 ← 8 と 10
↓ 10

ゴール

きょうも よく がんばったゾ!
おわったら
**ぷりぷり
シール**を
はろう

⑦ かずの じゅんばん①

① 1ずつ かずが 大きく なるように ならべます。
□に 入る かずを かきましょう。

① | 1 | 2 | | 4 | |

② | | 7 | | | 10 |

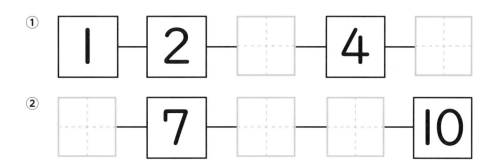

② かずの 小さい じゅんに ●を つなぎましょう。

ながれぼしだゾ!

かずの じゅんばん②

月 日
よう日

1 6この うんちが あります。
あてはまる うんちを ぬりましょう。

① 左 から 4この うんちを ぬりましょう。

② 左 から 4こ目の うんちを ぬりましょう。

左 から 4ことと、 左 から 4こ目は ちがうんだね。

---

2 しんちゃんたちが はしって います。
あてはまる 人を 〇で かこみましょう。

① まえ から 3人を 〇で かこみましょう。

② うしろ から 2人目を 〇で かこみましょう。

おじょうさん おケガは?

かずの じゅんばん③

① それぞれ なんばん目に いますか。
□に すう字を かきましょう。

まえ  うしろ

しんちゃん

① 　は　まえ　から　⬜︎　ばん目に います。

ボーちゃん
② は　うしろ　から　⬜︎　ばん目に います。

マサオくん
③ は　うしろ　から　⬜︎　ばん目に います。

えんちょう先生
④ 　は　まえ　から　⬜︎　ばん目、

うしろ　から　⬜︎　ばん目に います。

た〜ぅ ぷ ぷ たー。

いくつと いくつ①

① 5つの ドーナツを
しんちゃんと マサオくんで わけます。
いくつと いくつに わけられますか。
□に すう字を かきましょう。

さぁ きょうも ハリきって おしごと おしごと!!

おわったら
**ぶりぶり
シールを**
はろう

⑪ いくつと いくつ②

① ほう石は ぜんぶで 5こ あります。
ひまわりが かくした かずは なんこでしょう。

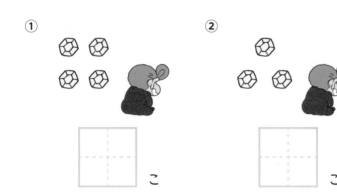

① 　　　　　　　　　　② 　　　　　　　　　　③

　　　こ 　　　　　　　　　こ 　　　　　　　　　こ

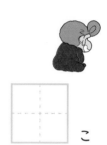

② ボールの かずが あわせて 7に なるように
せんで つなぎましょう。

べんきょーは すすんてるかい?

きょうも よく がんばったぞ!
おわったら
ぷりぷり
シールを
はろう

① ⑫ いくつと いくつ③

① あわせて 10に なるように せんで つなぎましょう。

| 7 | 2 | 4 | 5 | 9 |

ひかれあう
2つの すう字…。

| 6 | 5 | 1 | 3 | 8 |

② つぎの すう字は いくつと いくつに わけられますか。
□に あてはまる すう字を かきましょう。

①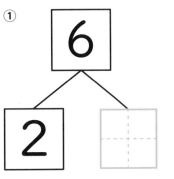

②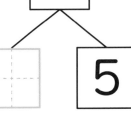

③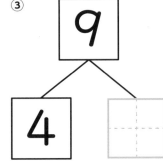

ほかの わけかたも
かんがえてみれば～。

ステキ♡

けいさん パズル ②
グループに わけろ!

しんちゃんたちが　2つの　グループに　わかれたよ。
なん人と　なん人に　わかれたかな。□に　すう字を　かこう。

① ぜんぶで □人

2人　□人

② ぜんぶで □人

□人　3人

③ ぜんぶで □人

□人　2人

なにして
あそぶ?

おさらいテスト①

3〜17ページの おさらいだゾ！

月　日

てん

1 かずを かぞえて おなじ かずを せんで むすびましょう。 `25てん`

 ・　　　　・ 5 ・　　　・ はち

 ・　　　　・ 8 ・　　　・ ご

⚽⚽⚽⚽⚽
⚽⚽⚽ ・　　　　・ 2 ・　　　・ に

2 しんちゃんと ひまわりは なんばん目に いますか。 `1もん 15てん`

 左   右

① しんちゃん は 左 から 　　　 ばん目

② ひまわり は 右 から 　　　 ばん目

3 ⬜ に あう かずを かきましょう。 `1もん 15てん`

① 7 と 　　　 で 10

② 10 は 8 と 　　　

③ 10 は 1 と 　　　

 いろいろな数字で「10」を 作って遊ぶといいわよ。

サトーココノカドーで
おかいものだゾ!

母ちゃん! チョコビ
買って〜ん♡

いけません。

か、母ちゃんて
カスカベで 一番
キレーだよね。

あら
そう?

しかたないわね、
1こだけよ。

どわーい!

ほいっ!

1こだけって
いったよね。

家族に
1こずつだよ。

これが
シロので…。

あんた ひとりで
食べる気でしょっ!!

チョコビは　かいものかごに　なんこ　入って　いるかな?

かずと　かずを　あわせる　ことを　「たす」と　いうよ。

かごに　チョコビを
1に　入れる。

かごに　チョコビを
もう1に　入れる。

チョコビの　かずを　たしざんの　しきで　あらわすと

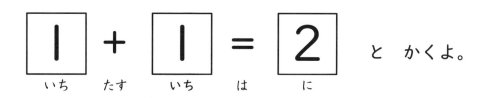

$$1 + 1 = 2$$

いち　　たす　　いち　　は　　に

と　かくよ。

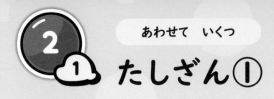

あわせて いくつ

たしざん①

月　日

よう日

---

① えを 見て □に すう字を かきましょう。

① プリンは あわせて なんこでしょう。

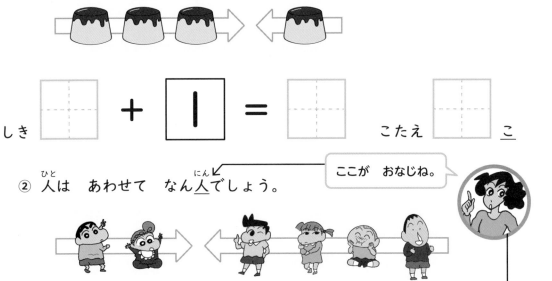

しき □ ＋ 1 ＝ □　　こたえ □ こ

ここが おなじね。

② 人は あわせて なん人でしょう。

しき □ ＋ □ ＝ □　　こたえ □ 人

③ カンタムロボは あわせて なんたいでしょう。

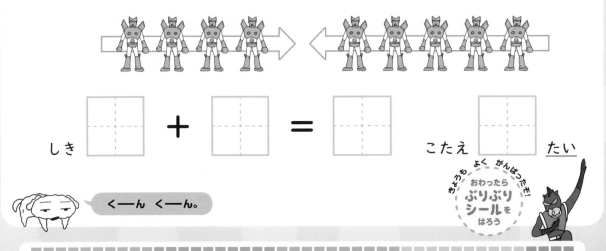

しき □ ＋ □ ＝ □　　こたえ □ たい

くーん くーん。

きょうも よく がんばったぞ！
おわったら
ぶりぶり
シールを
はろう

20

2② たしざん②

① たしざんの しきと こたえを かきましょう。

① さかなは あわせて なん<u>びき</u>でしょう。

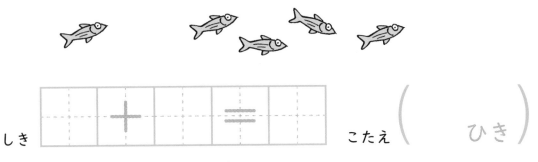

しき 〔　＋　＝　　〕　　こたえ （　　ひき　）

「＋」と 「＝」は なぞろう。　　　　「ひき」も なぞろう。

② パンツは あわせて なん<u>まい</u>でしょう。

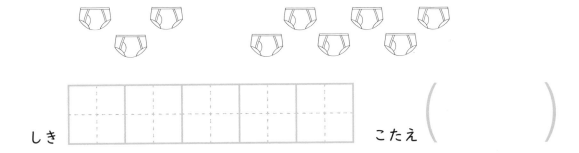

しき 〔　　　　　　　〕　　こたえ （　　　　）

③ しんちゃんが いちごを 5こ、
　ひまわりが いちごを 2こ もって います。
　いちごは あわせて なん<u>こ</u>ですか。

しき 〔　　　　　　　〕　　こたえ （　　　　）

あ―― しわよせな ひとときだったァ。

おわったら
ぶりぶり
シールを
はろう

21

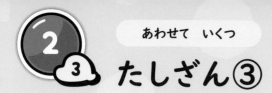

たしざん③

① たしざんを しましょう。

① 1 + 1 =

② 2 + 1 =

③ 2 + 2 =

④ 4 + 5 =

⑤ 4 + 1 =

⑥ 3 + 3 =

あせっちゃ ダメよ!

⑦ 2 + 7 =

⑧ 3 + 4 =

⑨ 1 + 9 =

⑩ 5 + 3 =

⑪ 5 + 5 =

いそげ──っ! タイムサービス はじまっちゃう～っ。

おわったら ぶりぶりシールを はろう

カザマくんの
ヒミツだゾ!

おこづかいで こっそり 買った
魔女っ子マリーちゃんケーキ♡
しかも 3こ。

カザマくんは、
マリーちゃんの
かくれ大ファン!!

いきなり
家に 来るなよ!!

来ちゃった♡

え…カザマくんが
マリーちゃんケーキ?

こ、これは
ママが 勝手に…。

いらないなら、1こ
もらってあげるね。

…どうぞ。

もらってあげるって
なんだよ〜。

うまー♡

くっ…。

 マリーちゃんケーキは おさらに なんこ のこって いるかな?

ある かずから ある かずを とる ことを 「ひく」と いうよ。

おさらに
ケーキが
3こ ある。

1この
ケーキを
とる。

ケーキは
2こ
のこる。

のこりも 食べて
あげようか?

もう
帰れよ!

ケーキの かずを ひきざんの しきで あらわすと

$$3 - 1 = 2$$

と かくよ。

さん　ひく　いち　は　に

ひきざん①

① えを みて □に すう字を かきましょう。

① のこった 人は なん人でしょう。

1人 かえった

しき　$4 - \boxed{} = \boxed{}$　こたえ $\boxed{}$ 人

② のこった アイスは なん本でしょう。

2本 たべた

しき　$\boxed{} - \boxed{} = \boxed{}$　こたえ $\boxed{}$ 本

③ おにぎりと ウインナーの ちがいは なんこでしょう。

ちがいを もとめる ときも ひきざんを つかうぞ!

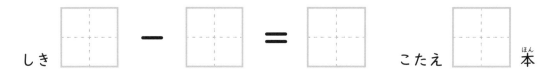

しき　$5 - 4 = \boxed{}$　こたえ $\boxed{}$ こ

きょう なにして あそぶ?

おわったら ぶりぶりシールを はろう

① ひきざんの しきと こたえを かきましょう。

① エビフライを 3本 たべると のこりは なん本でしょう。

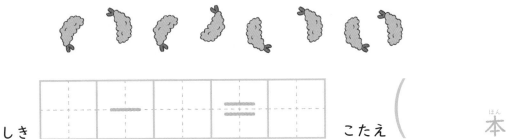

しき　［　－　＝　］　　　こたえ（　　　　本　）

② おりがみの ちがいは なんまいでしょう。

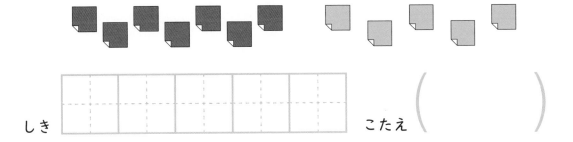

しき　［　　　　　　　］　　　こたえ（　　　　）

③ ケーキが 9こ、 ドーナツが 6こ あります。
　ちがいは なんこでしょう。

しき　［　　　　　　　］　　　こたえ（　　　　）

トイレの あとは 手を あらおう。 で～も きょうは 気が のらな～い♪

きょうも よく がんばったぞ！
おわったら
ぶりぶり
シールを
はろう

25

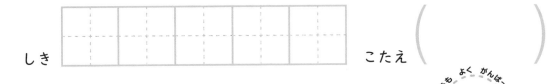

ひきざん③

① ひきざんを　しましょう。

① 2 − 1 =　　　② 3 − 2 =

③ 4 − 3 =　　　④ 5 − 3 =

⑤ 6 − 1 =　　　⑥ 8 − 4 =

ちょっと
やすもうよ〜。

⑦ 7 − 3 =

⑧ 8 − 2 =　　　⑨ 9 − 4 =

⑩ 6 − 5 =　　　⑪ 9 − 1 =

名のるほどの　ものじゃ　ございません。

おわったら
ぷりぷり
シールを
はろう

けいさん パズル ③

けいさん ぬりえ

こたえが 5と 8に なる ところを ぬろう。

ぬりえは とくいだゾ!

おさらいテスト②

19～27ページの おさらいだゾ！

1 こたえが おなじに なる しきを せんで
つなぎましょう。 1もん 20てん

① 4 - 2 ・　　　　　・ 9 - 2

② 2 + 3 ・　　　　　・ 1 + 1

③ 3 + 4 ・　　　　　・ 7 + 2

④ 10 - 1 ・　　　　　・ 8 - 3

2 正しい しきに なるように □に すう字を
かきましょう。 1もん 10てん

① 8 + □ = 10　　② □ + 6 = 10

見直しには、たし算も
ひき算も必要よ！

おわったら
ぶりぶり
シールを
はろう

0と いう かず

おかたづけは
たいせつだゾ!

 2この うんちを かたづけると なんこに なるかな?

うんちが 2こ ある。

うんちは **2** こ

1こ かたづける。

うんちは **1** こ

もう1こ かたづける。

うんちは **0** こ

ひとつも ない かずを 「0」と いうよ。

$$3 + 0 = 3$$

$$3 - 0 = 3$$

0を たしたり
ひいたり しても
もとの かずは
かわらないよ。

いっぱい 出たわね。
うらやましいわ…。

0の けいさん

① しんちゃんと 風間くんが 玉入れを 2かいずつ
しました。 それぞれが 入れた 玉は あわせて
なんこですか。 □に かずを かきましょう。

①

しんちゃんが 入れた かず

  $4 + 0 = $

②

風間くんが 入れた かず

  $ + 2 = $

② 1人に 5まいずつ クッキーが あります。
のこった クッキーは なんまいですか。
□に かずを かきましょう。

① ネネちゃんは 5まい たべました。

たべた かず　　のこりの かず

$5 - = $

② ボーちゃんは 1まいも たべませんでした。

$5 - = $

しっかり べんきょうして はやく おやこうこう しな!!

きょうも よく がんばったぞ!
おわったら
ぷりぷり
シールを
はろう

5 20までの かず

母ちゃんの
ネックレスを
なおすゾ!

ネックレスの パールは 13こ。
10より 大きい かずに ついて かんがえて みるのだ!

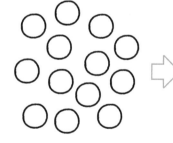

じゅう		さん
10	と	3

じゅうさん
13

10の まとまりが 1こと、
1が 3こで
13こと なるよ。

だれかなー?
ママの ネックレスに
タコ焼き
つけた 子は?

31

20までの　かず①

11から　20までの　かずを　おぼえるのだ!

じゅういち 11	10 と 1
じゅうに 12	10 と 2
じゅうさん 13	10 と 3
じゅうし（よん）14	10 と し（よん）4
じゅうご 15	10 と 5
じゅうろく 16	10 と 6
じゅうしち（なな）17	10 と しち（なな）7
じゅうはち 18	10 と 8
じゅうく（きゅう）19	10 と く（きゅう）9
にじゅう 20	じゅう 10 と じゅう 10

10が　2こ

さあ　夕日に　むかって　レッツラゴー!!

20までの かず②

月 日

よう日

① 11から 20までの すう字を かきましょう。

①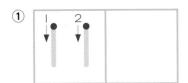

②

③

④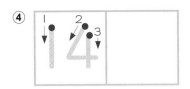

⑤

⑥

⑦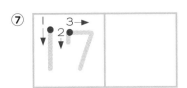

⑧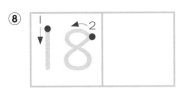

⑨

⑩

10の まとまりが 2こで
20と なるのだ。

② アメを かぞえて □に すう字を かきましょう。

①

②

③

④

まい月 おこづかい もらう こと、ママに ゆるして もらった?

おわったら
ぶりぶり
シールを
はろう

きょうも よく がんばったぞ!

20までの かず③

---

① □に あてはまる かずを かきましょう。

① 10 と 1 で □　　② 10 と 4 で □

③ 13 は 10 と □　　④ 18 は 10 と □

⑤ □ は 10 と 6　　⑥ 10 と □ で 20

---

② かずを じゅんに ならべます。
　　□に あてはまる かずを かきましょう。

① 10 — 11 — □ — 13 — □ — □

② □ — 19 — □ — 17 — □ — 15

①は 1ずつ ふえて いる。
②は 1ずつ へって いる。

こんな ときは すくいの ヒーロー ぶりぶりざえもんを よぼう!!

きょうも よく がんばったぞ!
おわったら ぶりぶりシールを はろう

5 ④ 20までの　かずの　たしざん①

① ピーマン　12こと　4こを　あわせると
なんこに　なりますか。
□に　かずを　かいて　かんがえて　みましょう。

① 12 を 10 と ☐ に　わける。

② 10を　そのままに　して、　2と　4を　あわせる。

2 + 4 = ☐

③ 10と　6を　あわせる。

10 + ☐ = ☐

こんなに　ピーマン
いらないゾ…。

④ だから、　12こと　4こを　あわせると

12 + 4 = ☐ と　なる。

ここは　わたしに　まかせなさい。

きょうも　よく　がんばったゾ！
おわったら
ぶりぶり
シールを
はろう

5

20までの かずの たしざん②

月　日
よう日

---

① えを 見て たしざんを しましょう。

①

10 ⚽⚽⚽⚽⚽⚽⚽⚽⚽⚽　　5 ⚽⚽⚽⚽⚽

$$10 + 5 = \boxed{}$$

②

13〈 ¹⁰ 🌼🌼🌼🌼🌼🌼🌼🌼🌼🌼　　6 🌼🌼🌼🌼🌼🌼
　　 ³ 🌼🌼🌼

$$13 + 6 = \boxed{}$$

---

② たしざんを しましょう。

① $10 + 8 = \boxed{}$　　② $11 + 2 = \boxed{}$

③ $14 + 3 = \boxed{}$　　④ $15 + 4 = \boxed{}$

あんた かなりの ワルだね。

きょうも よく がんばったぞ！
おわったら
ぷりぷり
シールを
はろう

5

20までの　かずの　ひきざん①

① せんべい　13まいの　うち　2まい　たべると
のこりは　なんまいに　なりますか。
□に　かずを　かいて　かんがえて　みましょう。

13く
10
3　　　　　　　2まい　たべた。

① 13 を 10 と □ に　わける。

② 10を　そのままに　して、　3から　2を　ひく。

3 − 2 = □

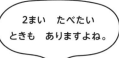

2まい　たべたい
ときも　ありますよね。

③ 10と　1を　あわせる。

10 + □ = □

④ だから、　13まいから　2まい　とった　のこりは

13 − 2 = □ と　なる。

きっと　ふだんの　おこないが　いいからだわ。

きょうも　よく　がんばったぞ！
おわったら
ぷりぷり
シールを
はろう

37

20までの　かずの　ひきざん②

① えを　見て　ひきざんを　しましょう。

①
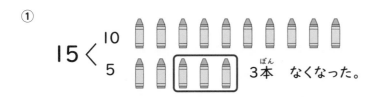

15 ⟨ 10 / 5　3本　なくなった。

15 − 3 = [　]

②

18 ⟨ 10 / 8　4こ　たべた。

18 − 4 = [　]

② ひきざんを　しましょう。

① 12 − 2 = [　]　　② 16 − 5 = [　]

③ 17 − 4 = [　]　　④ 19 − 3 = [　]

しんちゃん、　おわったら　リアルおままごと　しよう。

きょうも　よく　がんばったぞ！
おわったら
ぶりぶり
シールを
はろう

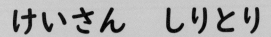

けいさん パズル ④
けいさん　しりとり

シロ、
さんぽに　いくゾ!

けいさんを　しながら　さんぽを　するよ。
?に　入る　すう字を　かこう。

スタート

すう字で　しりとり　するのだ。

れい

$10 + 2 = \boxed{12}$ ▸▸▸ $\boxed{12} + 3 = \boxed{}$

$\boxed{} - 2 = \boxed{}$

$\boxed{} + 4 = \boxed{}$

$\boxed{} + 1 = \boxed{}$

$\boxed{} - 7 = \boxed{}$

$\boxed{} + \bigcirc\!\!?\; = 20$

?に　入る　すう字は
$\boxed{}$
だゾ!

おかえり!

ゴール

おわったら
**ぶりぶり
シール**を
はろう

おさらいテスト③

1 12+4 より こたえが 大きく なる しきに ○を、小さく なる しきに ×を つけましょう。 `1もん 15てん`

① $10 + 9$

( )

② $18 - 5$

( )

③ $12 - 2$

( )

④ $14 + 0$

( )

2 □の カードを つかって、 こたえが 19に なる しきを つくりましょう。 カードは いちどしか つかえません。

`1もん 10てん`

① $1\boxed{1} + \boxed{8} = 19$

④ $1\boxed{} + \boxed{} = 19$

② $1\boxed{} + \boxed{} = 19$

| 1 | 2 | 3 | 4 |

③ $1\boxed{} + \boxed{} = 19$

| 5 | 6 | 7 | 8 |

10のまとまりを意識しよう。

おわったら ぶりぶり シールを はろう

40

3つの かずの けいさん

しょくいんしつで
休けいするゾ!

 へやに いる 人は なん人かな?

へやに いる
人の かず

 2人 いるぞ。

 おっ! **3**人 ふえた!

へやに いる
人の かず

 5人に なった。

 さらに **2**人 ふえたぞ…!!

これらの けいさんを 1つの しきで あらわすと

$$2 + 3 + 2 = 7$$

と かくよ。

あらっ、
みんなも
いっしょに
やりま
しょ♪

ちょっと 休けい中
なんでっ。

全員、
で 出てけ!

6-① 3つの　かずの　たしざん

月　日
よう日

① プリンは　ぜんぶで　なんこに　なりますか。
□に　すう字を　かきましょう。

プリンの
かず

| に　　　　　　4こ　ふえました。　　　　3こ　ふえました。

|　　　⇒　　　| + 4 = 5　　⇒　　　5 + 3 = 8

1つの　しきで　あらわすと

$$1 + 4 + 3 = \boxed{}$$ こたえ $\boxed{}$ こ

② 3つの　かずの　たしざんを　しましょう。

① 2 + 3 + 2 = □　　　　② 5 + | + 3 = □

●ときかた
2 + 3 = □ ➡ □ + 2 = □

●ときかた
5 + | = □ ➡ □ + 3 = □

せっかく　きたんだから　おちゃても　のんて　いこーか？

おわったら
ぶりぶり
シールを
はろう

42

6 ② 3つの かずの ひきざん

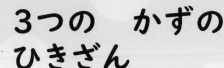

① こうえんに のこったのは なん人ですか。

□に すう字を かきましょう。

| こうえんに いる 人の かず | 8人 | 3人 かえりました。 | 2人 かえりました。 |

$$8 \Rightarrow 8 - 3 = 5 \Rightarrow 5 - 2 = 3$$

1つの しきで あらわすと

$$\boxed{8} - \boxed{3} - \boxed{2} = \boxed{} \quad こたえ \boxed{} 人$$

② 3つの かずの ひきざんを しましょう。

① $4 - 1 - 2 = \boxed{}$　② $7 - 2 - 3 = \boxed{}$

●ときかた

$4 - 1 = \boxed{} \Rightarrow \boxed{} - 2 = \boxed{}$

●ときかた

$7 - 2 = \boxed{} \Rightarrow \boxed{} - 3 = \boxed{}$

つええいっ。

きょうも よく がんばったぞ！
おわったら
ぶりぶり
シールを
はろう

43

6 ③ 3つの　かずの　けいさん①

① エビフライは　なん本に　なりましたか。
□に　入る　すう字を　かきましょう。

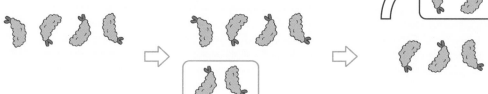

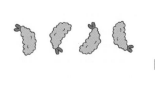 エビフライの　かず

4本　　　　　2本　ふえました。　　　　3本　へりました。

4　　　⇨　　4 + 2 = 6　⇨　6 − 3 = 3

1つの　しきで　あらわすと

$$4 + 2 - 3 = \boxed{}$$　こたえ　$\boxed{}$本

② 3つの　かずの　けいさんを　しましょう。

① 6 + 3 − 4 = $\boxed{}$　　② 8 − 2 + 3 = $\boxed{}$

●ときかた
6 + 3 = □ ➡ □ − 4 = □

●ときかた
8 − 2 = □ ➡ □ + 3 = □

かすかべぼうえいたい　ファイヤーッ!!

おわったら　ぶりぶりシールを　はろう
きょうも　よく　がんばったで!

6 ④ 3つの　かずの　けいさん②

① 3つの　かずの　けいさんを　しましょう。

① $1 + 2 + 1 =$ 　□

② $4 + 1 + 2 =$ 　□

③ $5 - 1 - 2 =$ 　□

④ $6 - 2 - 3 =$ 　□

⑤ $9 - 5 - 0 =$ 　□

左から　じゅんに
けいさんするのよ。

⑥ $1 + 5 - 3 =$ 　□

⑦ $6 - 2 + 1 =$ 　□

⑧ $9 - 4 + 1 =$ 　□

⑨ $8 - 5 + 4 =$ 　□

あ…、あと
1もんだゾ…!

⑩ $9 - 8 + 7 =$ 　□

ファイヤーッ!!

きょうも　よく　がんばったゾ!
おわったら
**ぶりぶり
シール**を
はろう

けいさん パズル ⑤

たしざん めいろ

オラ、
まけたくないぞ!

めいろを　とおりながら　たしざんを　するよ。
いちばん　大きい　かずに　なるのは　だれかな。

しきを　かいて　みよう。　　　　　には　なまえを　かこう。

ひろし	□	+	□	+	□	=	□
みさえ	□	+	□	+	□	=	□
しんちゃん	□	+	□	+	□	=	□

いちばん　大きい　かずは　　　　　　　　　　だよ。

くりあがりの ある たしざん

つりを するゾ!

しんのすけが さかなを 8ぴき、 ひろしが 5ひき つった。
さかなは あわせて なんびきかな?

 しんちゃん 8ぴき

ひろし 5ひき

8は あと 2で 10に なる。

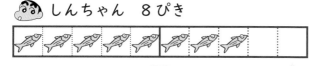 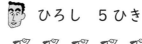

5を 2と 3に わける。

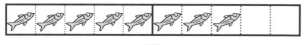

50分後

10と 3で 13と なる。

$$8 + 5 = 13$$

コスチューム、
かしてほしいって?

7 くりあがりの ある たしざん①

① りんご 9こと 6こを あわせると なんこに なりますか。
□に かずを かいて かんがえて みましょう。

① 9 は あと □ で 10 に なる。

② だから、6 を □ と 5 に わける。

```
  6
 ∧
1   5
```

9と 1を あわせて 10に する。

③ 10 と □ で □ と なる。

```
 9 + 6
10   1 5
```

だから、9こと 6こを あわせると

9 + 6 = □ と なるよ。

では、ただいまより べにさそりたいの しゅうかいを はじめる!!

おわったら
ぶりぶり
シールを
はろう

7
②

くりあがりの　ある
たしざん②

① おりがみ　4まいと　7まいを　あわせると
なんまいに　なりますか。
□に　かずを　かいて　かんがえて　みましょう。

やりかた①　4を　10に　する

4 は あと □ で 10 だから、7 を □ と 1 にわける。

 ←

10 と □ で □ と　なる。

4 ＋ 7
10　6　1

やりかた②　7を　10に　する

7 は あと □ で 10 だから、4 を □ と 1 にわける。

 ➡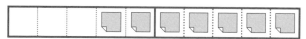

10 と □ で □ と　なる。

4 ＋ 7
1　3　10

どちらの　やりかたも　4 ＋ 7 ＝ □ と　なるよ。

かーっ!! この ために 生きてるな!!

きょうも よく がんばったぞ!
おわったら
ぷりぷり
シールを
はろう

7 ③ くりあがりの　ある たしざん③

① たしざんを　しましょう。

① $5 + 7 = \boxed{}$

② $9 + 6 = \boxed{}$

③ $8 + 3 = \boxed{}$

④ $4 + 8 = \boxed{}$

⑤ $4 + 9 = \boxed{}$

⑥ $6 + 5 = \boxed{}$

あと　3もん！
ゆっくりで　いいぞ。

⑦ $7 + 7 = \boxed{}$

⑧ $7 + 8 = \boxed{}$

⑨ $9 + 9 = \boxed{}$

わたしを　おこらせると　こうなるのさ。　おぼえときな。

きょうも　よく　がんばったぞ！
おわったら ぶりぶり シールを はろう

くりさがりの ある ひきざん

てまきずし パーティーだゾ!

今日は
てまきずしパーティ
よん♡

ただし…
お高〜い 中トロは
ちょっとずつ 食べてね。

ハイ…。

1、2、3…。
中トロ 15まい。

それを 家族で
分けると…。

こんくらい
かな。

ちょっ…!

もっ

8まいも!!

中トロ 15まいの うち、 しんのすけが 8まい とった。
中トロは なんまい のこって いるかな?

中トロ 15まい

15を 5と10に わける。

⇩

10から 8を ひく。

⇩

5と 2で 7と なる。

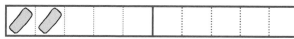

$$15 - 8 = 7$$

おいひー♡

ぱくっ

まきも
しないん
かい!!

8
1

くりさがりの　ある　ひきざん①

1 ふうせん　14この　うち　9こ　ひくと　のこりは　なんこに
なりますか。□に　かずを　かいて　かんがえて　みましょう。

① 14 を ☐ と 10 に　わける。

14
4　10

② 10 から 9 を　ひく。

14 － 9
4　10

③ 4 と ☐ で ☐ と　なる。

だから、14 こから　9 こ　とった　のこりは

14 － 9 ＝ ☐ と　なるよ。

じゃ、15年　たったら　また　くる。

8② くりさがりの　ある　ひきざん②

月　　日

よう日

① クッキー　13まいの　うち　4まい　たべると
のこりは　なんまいに　なりますか。
□に　かずを　かいて　かんがえて　みましょう。

やりかた①　10から　ひく

13 を 3 と 10 に わける。

13
3 10

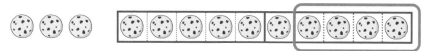

10 から 4 を ひくと □ 。

13 − 4
3　10

3 と 6 で □ 。

やりかた②　2かいに　わけて　ひく

4 を □ と 1 に わける。

4
3 1

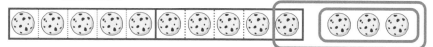

13 から □ を ひく。

13 − 4
10 3 3 1

10 から のこりの □ を ひくと □ と なる。

どちらの　やりかたも 13 − 4 = □ と なるよ。

それでは　チャオ♡

おわったら
ぶりぶり
シールを
はろう

53

8 くりさがりの　ある　ひきざん③

① ひきざんを　しましょう。

① 12 － 8 ＝ ⬜

● ● ● ● ● ● ● ● ● ● 　 ● ●

② 15 － 6 ＝ ⬜

● ● ● ● ● ● ● ● ● 　 ● ● ● ● ● ●

③ 11 － 5 ＝ ⬜

④ 12 － 5 ＝ ⬜

⑤ 14 － 7 ＝ ⬜

あと　4もん。
おわったら　あそぼう。

⑥ 13 － 7 ＝ ⬜

⑦ 11 － 9 ＝ ⬜

⑧ 16 － 8 ＝ ⬜

⑨ 18 － 9 ＝ ⬜

いけません　おじょうさま!!

けいさん パズル ⑥

たしざん すいかと ひきざん すいか

プールの あとは すいかに かぎるゾ!

赤の すいかは たしざんを、 白の すいかは ひきざんを しよう。○には どんな すう字が 入るかな。

れい

● 赤のすいか

となりの すうじを たそう。

16
9　7
3　6　1

9+7は16

3+6は9

● 白のすいか

となりの すうじを ひこう。

14　5　2
9　3
6

14−5は9

9−3は6

9
5　4　2

18　6
12　5

9　6
8

すいかを たべたら 虫とりに いくゾ!

11
7　4

おわったら ぶりぶり シールを はろう

月 日

てん

1 こたえが おなじに なる しきを せんで
つなぎましょう。　1もん 20てん

① 16 − 8 ・　・ 10 + 8 − 2

② 19 − 3 ・　・ 3 + 3 + 3

③ 15 − 6 ・　・ 12 − 2 − 2

④ 12 + 2 ・　・ 10 + 7 − 3

2 14−9 と おなじ こたえに なるように □に すう字を
かきましょう。　1もん 10てん

① 3 + □ + 0

② 18 − 6 − □

取り組みやすい問題から
始めてもいいわよ。

おわったら
ぶりぶり
シールを
はろう

きょうも よく がんばったゾ！

大きい かずの けいさん

新しく できた
激安スーパーに
いくわよん。

うっ…、何だん
あるのよ。

スーパー ⊕

1歩ずつ
いこうよ!!
オラが せなか
おしたげる。

21、22、23…。

31、32、33…。
ひ～～っ。

ふぁいとーっ。

んしょ
んしょ

みさえが かいだんを 43だん のぼったぞ。
20より 大きい かずに ついて かんがえて みるのだ!

10の まとまりが 4こと 1が 3こで 43に なるよ。

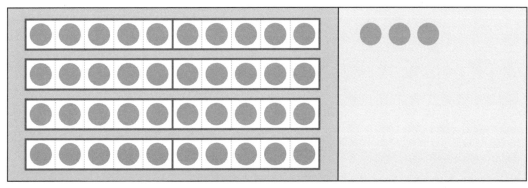

4   3

十のくらい（じゅう）
（十のへや）   4   3   一のくらい（いち）
（一のへや）

43の
十のくらいは 4で（じゅう）
一のくらいは 3だよ。（いち）

やっと 43だん…
…おりて。

あそ。

ぜー
ぜー

100までの　かず①

①　おにぎりを　10こずつ　〇で　かこみましょう。
ぜんぶの　かずを　□に　かきましょう。

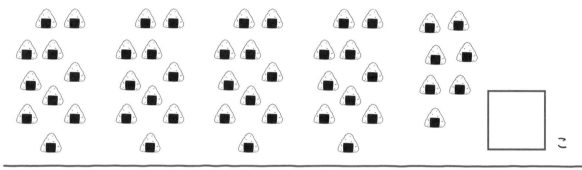

□ こ

②　バナナは　ぜんぶで　なん本ですか。
□に　あてはまる　かずを　かきましょう。

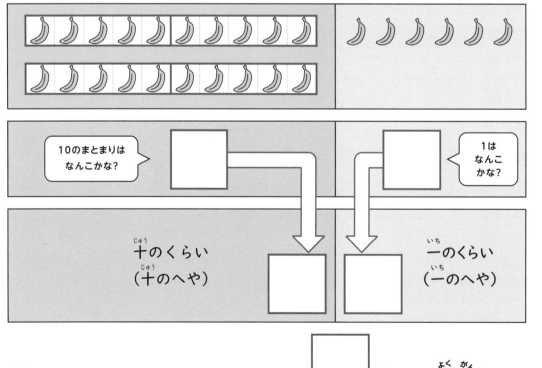

10のまとまりは
なんこかな?

1は
なんこ
かな?

十のくらい
（十のへや）

一のくらい
（一のへや）

こたえ　□ 本

きみの　ハートが　ほしい♡　ふ。

おわったら
ぶりぶり
シールを
はろう

きょうも　よく　がんばったぞ!

月　日

よう日

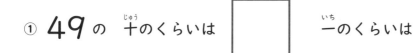

① □に あてはまる かずを かきましょう。

① 49の 十のくらいは □ 、 一のくらいは □

② 十のくらいが 6、 一のくらいが 8の かずは □

③ 10が 3こと 1が 4こで □

④ 10が 5こで □

④の こたえの 一のくらいは 0だぞ。

⑤ 72は 10が □ こと 1が □ こ

⑥ 30は 10が □ こ

キャン キャン キャン！

きょうも よく がんばったぞ！ おわったら ぶりぶりシールを はろう

100までの かず③

月 日
よう日

① 1から 100までの かずを ならべます。
□に かずを かいて かんせい させましょう。

1	2	3	4	5	6	7	8	9	10
11	12	13	14	15	16	17	18	19	20
21	22		24	25	26	27	28	29	30
31	32	33	34	35	36	37		39	40
41	42	43	44	45	46	47	48	49	
51	52	53	54			57	58	59	60
61		63	64	65	66	67	68	69	70
	72	73	74	75	76	77	78		80
81		83	84	85	86		88	89	90
91	92	93		95	96	97	98	99	100

たてや よこに ならんだ かずの
きまりを かんがえて みよう。

よーし!! オラも 本気の 本気て やってやるぅ!!

きょうも よく がんばったぞ!
おわったら ぷりぷり シールを はろう

9 ④ 100より　大きい　かず

①

クッキーは　ぜんぶで　なんまい　ありますか。
□に　かずを　かいて　かんがえて　みましょう。

1つの　はこに
10まい　入って
いるよ。

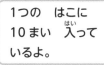

10が □ こ、1が □ こ　あります。

10が　10こ　あつまった　かずを「百」と　いい、

「100」と　かきます。

100と　3　を　あわせると　□ 0 □ と　なります。

②

1ずつ　かずが　大きく　なるように　ならべます。
□に　入る　かずを　かきましょう。

①

きゅうじゅうく (きゅう)	ひゃく	ひゃくいち	ひゃくに	ひゃくさん	ひゃくし (よん)
99	100		102		104

②

ひゃくご	ひゃくろく	ひゃくしち (なな)	ひゃくはち	ひゃくく (きゅう)	ひゃくじゅう
105		107		109	110

 これから　ママと　お出かけなんだ。　バイバーイ。

きょうも　よく　がんばったぞ！
おわったら
ぷりぷり
シールを
はろう

大きい かずの たしざん①

月 日

よう日

---

① ウインナーが 10こ のった おさらが 3まいと
ミートボールが 10こ のった おさらが 4まい あります。
ウインナーと ミートボールは あわせて なんこでしょう。

十のくらいは 3と 4。 3と 4を あわせると…?

しき 30 + 40 = ☐   こたえ ☐ こ

---

② ちゅうしゃじょうに 車が 25だい とまって います。
あとから 車が 3だい 入って きました。
車は あわせて なんだいでしょう。

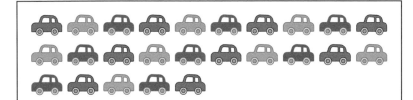 

しき 25 + 3 = ☐   こたえ ☐ だい

ちょうも よく がんばったぞ!
おわったら
ぶりぶり シールを
はろう

オレなんかなぁ、オレなんか ぶかの 川口より こづかい すくないんだぞぉ。

9
6

大きい　かずの
たしざん②

---

①　たしざんを　しましょう。

① 10 + 10 = 　　

② 30 + 20 = 　　

③ 50 + 30 = 　　

④ 70 + 20 = 　　

⑤ 10 + 80 = 　　

まだ　6もんも
あるのかよ…。

⑥ 32 + 1 = 　　

⑦ 23 + 2 = 　　

⑧ 55 + 3 = 　　

⑨ 43 + 4 = 　　

⑩ 61 + 8 = 　　

⑪ 92 + 6 = 　　

ちがいの　わかる　子ども、のはら　しんのすけ　5さい。

きょうも　よく　がんばったぞ！
おわったら
ぶりぶり
シールを
はろう

9
7 大きい かずの ひきざん①

1

うんちが　30こ　あります。
20こ　かたづけると　のこりは　なんこですか。

十のくらいは　3と　2だから、
3から　2を　ひいて…。

20こ
かたづける

しき　30 − 20 = □　　こたえ　□ こ

この　ページ、うんちだらけだ…。

かぞえて　みる?

2

いぬの　うんちが　27こ　あります。
しんちゃんが　4こ　もって　かえると
のこりは　なんこですか。

4こ　もって　かえる

しき　27 − 4 = □　　こたえ　□ こ

うんちマン　さんじょう!!

きょうも よく がんばったぞ!
おわったら
ぶりぶり
シールを
はろう

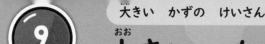

大きい　かずの　ひきざん②

月	日
よう日	

① ひきざんを　しましょう。

① 40 − 10 = ☐　　② 60 − 20 = ☐

③ 90 − 80 = ☐　　④ 80 − 30 = ☐

⑤ 100 − 70 = ☐

あと　6もん！
ファイトー!!

⑥ 33 − 2 = ☐　　⑦ 48 − 5 = ☐

⑧ 77 − 4 = ☐　　⑨ 56 − 6 = ☐

⑩ 89 − 7 = ☐　　⑪ 97 − 3 = ☐

じゃ、そゆことで。ちゃんと　オシリ　ふくのよー。

きょうも　よく　がんばったぞ！
おわったら
ぷりぷりシールを
はろう

けいさん パズル ⑦

キミに
わかるかな?

大きい　かずは　だれだ？

だれが　いちばん　大きい　かずの　カードを
もって　いるかな。◻️◻️◻️に　名まえを　かこう。

しんちゃん

$$60 + 10 =$$

$$50 - 20 =$$

みさえ

ひろし

$$47 - 5 =$$

$$32 + 4 =$$

ひまわり

風間くん

$$63 + 6 =$$

$$90 - 30 =$$

ネネちゃん

マサオくん

$$96 - 2 =$$

$$10 + 70 =$$

ボーちゃん

いちばん　大きい　かずの　カードを　もって　いるのは

◻️◻️◻️　だよ。

きょうも　よく　がんばったぞ！
おわったら
ぶりぶり
シールを
はろう

おさらいテスト⑤

月　日

てん

1 左から　かずが　大きい　じゅんに　カードを
ならべましょう。　1もん　35てん

①

| 18 | 45 | 30 | 57 | 26 |

（大きい） 57 | | | | （小さい）

②

| 83 | 61 | 77 | 100 | 98 |

（大きい） | | | | （小さい）

2 ただしい　しきに　なるように　□に　すう字を
かきましょう。　1もん　15てん

① $2 + 3 + \boxed{} = 10$

② $6 + \boxed{} - 2 = 10$

60ページの表を見てもいいわよ！

67

月　日

てん

1 かずを　かぞえて　□に　すう字を　かきましょう。　1もん　20てん

①

②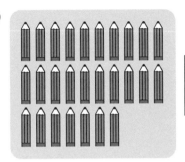

2 いちばん　大きい　かずを　□に　かきましょう。　20てん

14 と 60 と 85

3 いちばん　小さい　かずを　□に　かきましょう。　20てん

100 と 78 と 92

4 左から　4ばん目の　人を　○で　かこみましょう。

20てん

左       右

きょうも よく がんばったぞ！
おわったら
ぶりぶり
シールを
はろう

68

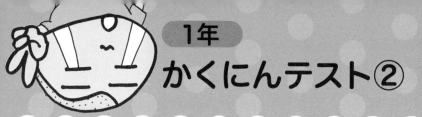

1 つぎの すう字は いくつと いくつに わけられますか。
□に あてはまる すう字を かきましょう。

`1もん 10てん`

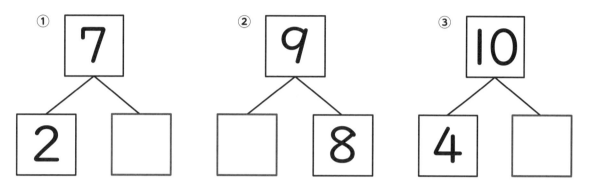

① 7 → 2 と □
② 9 → □ と 8
③ 10 → 4 と □

2 □に あてはまる すう字を かきましょう。

`①〜⑤ 1もん 10てん` `⑥ 20てん`

① 10 と 8 で □

② 13 は 10 と □

③ □ は 10 と 4

④ 10 と □ で 19

⑤ 十のくらいが 7、一のくらいが 2の かずは □

⑥ 36の 十のくらいは □ 、一のくらいは □

きょうも よく がんばったぞ！
おわったら ぶりぶりシールを はろう

69

1年 かくにんテスト③

1 たしざんの　しきと　こたえを　かきましょう。　1もん　30てん

① ひまわりぐみの　花だんに　チューリップが　8本、
ばらぐみの　花だんには　5本　あります。
チューリップは　ぜんぶで　なん本でしょう。

ひまわりぐみ

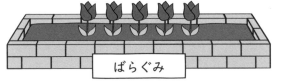
ばらぐみ

しき □　　こたえ □本

② ボーちゃんが　石を　73こ、しんちゃんが　石を　4こ　もって　います。
石は　あわせて　なんこでしょう。

しき □　　こたえ □こ

2 たしざんを　しましょう。　1もん　10てん

① 42 + 0 = □　　③ 1 + 5 + 2 = □

② 7 + 9 = □　　④ 30 + 60 = □

1年
かくにんテスト④

月　日

てん

1 ひきざんの　しきと　こたえを　かきましょう。　1もん 30てん

① 風間くんが　本を　14さつ、しんちゃんが　本を　5さつ
よみました。　ちがいは　なんさつですか。

風間くん　　　　　　　　　　　　　　　　しんちゃん

しき　　　　　　　　　　　　　　　　こたえ □ さつ

② とりが　37わの　うち、　6わ　とんで　いきました。
のこりは　なんわですか。

しき　　　　　　　　　　　　　　　　こたえ □ わ

2 ひきざんを　しましょう。　1もん 10てん

① 32 − 0 = □　　③ 8 − 2 − 4 = □

② 13 − 9 = □　　④ 60 − 50 = □

きょうも　よく　がんばったぞ！
おわったら
**ぶりぶり
シール**を
はろう

月 日

てん

1 けいさんを しましょう。

①〜④ 1もん 5てん
⑤〜⑫ 1もん 10てん

① 6 + 7 = ☐

② 14 − 8 = ☐

③ 60 + 20 = ☐

④ 100 − 40 = ☐

⑤ 8 + 71 = ☐

⑥ 86 − 3 = ☐

⑦ 9 + 0 + 1 = ☐

⑧ 7 − 3 − 4 = ☐

⑨ 4 + 8 + 2 = ☐

⑨ 11 − 2 − 4 = ☐

⑪ 6 + 3 − 5 = ☐

⑫ 8 − 4 + 3 = ☐

きょうも よく がんばったぞ!
おわったら
ぶりぶり
シールを
はろう

72

こたえあわせだゾ！

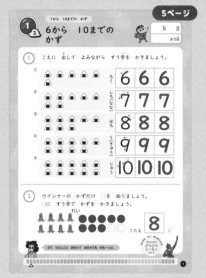

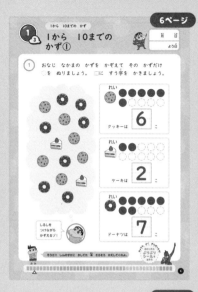

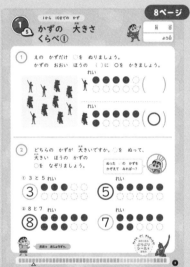

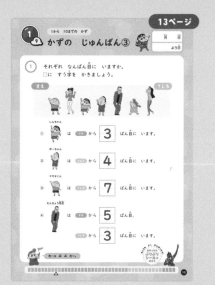

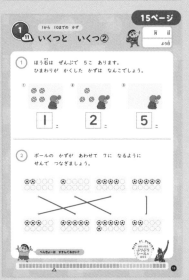

21ページ

② ② あわせて いくつ
たしざん②

月　日
よう日

① たしざんの しきと こたえを かきましょう。

① さかなは あわせて なんびきでしょう。

しき $1 + 4 = 5$　こたえ（ 5 ひき ）

「＋」と「＝」は なぞろう。　「ひき」も なぞろう。

② パンツは あわせて なんまいでしょう。

しき $3 + 6 = 9$　こたえ（ 9 まい ）

③ しんちゃんが いちごを 5こ、
ひまわりが いちごを 2こ もって います。
いちごは あわせて なんこですか。

しき $5 + 2 = 7$　こたえ（ 7 こ ）

22ページ

② ② あわせて いくつ
たしざん③

月　日
よう日

① たしざんを しましょう。

① $1 + 1 = 2$　　② $2 + 1 = 3$

③ $2 + 2 = 4$　　④ $4 + 5 = 9$

⑤ $4 + 1 = 5$　　⑥ $3 + 3 = 6$

あせっちゃ ダメよ！

⑦ $2 + 7 = 9$

⑧ $3 + 4 = 7$　　⑨ $1 + 9 = 10$

⑩ $5 + 3 = 8$　　⑪ $5 + 5 = 10$

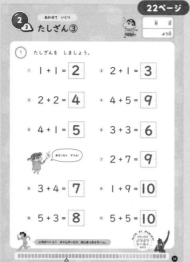

24ページ

③ ① のこりは いくつ
ひきざん①

月　日
よう日

① えを みて □に すう字を かきましょう。

① のこった 人は なん人でしょう。

しき $4 - 1 = 3$　こたえ 3 人

② のこった アイスは なん本でしょう。

しき $6 - 2 = 4$　こたえ 4 本

③ おにぎりと ウインナーの ちがいは なんこでしょう。

ちがいを もとめる ときも ひきざんを つかうゾ！

しき $5 - 4 = 1$　こたえ 1 こ

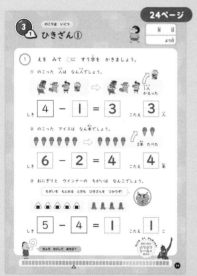

25ページ

③ ② のこりは いくつ
ひきざん②

月　日
よう日

① ひきざんの しきと こたえを かきましょう。

① エビフライを 3本 たべると のこりは なん本でしょう。

しき $8 - 3 = 5$　こたえ（ 5 本 ）

② おりがみの ちがいは なんまいでしょう。

しき $7 - 5 = 2$　こたえ（ 2 まい ）

③ ケーキが 9こ、ドーナツが 6こ あります。
ちがいは なんこでしょう。

しき $9 - 6 = 3$　こたえ（ 3 こ ）

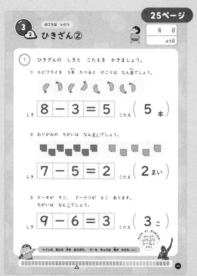

26ページ

③ ③ のこりは いくつ
ひきざん③

月　日
よう日

① ひきざんを しましょう。

① $2 - 1 = 1$　　② $3 - 2 = 1$

③ $4 - 3 = 1$　　④ $5 - 3 = 2$

⑤ $6 - 1 = 5$　　⑥ $8 - 4 = 4$

ちょうど やすみちゅう～！

⑦ $7 - 3 = 4$

⑧ $8 - 2 = 6$　　⑨ $9 - 4 = 5$

⑩ $6 - 5 = 1$　　⑪ $9 - 1 = 8$

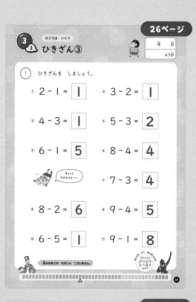

27ページ

けいさん パズル①
ぬりえは とくいだゾ！

けいさん ぬりえ

こたえが 5と 8に なる ところを ぬろう。

$1 + 6$　　$9 + 1$
$3 + 3$　　$4 + 6$
$1 + 2$
$9 - 4$
$4 + 1$
$5 + 2$　　$6 - 4$
$2 + 6$
$1 + 7$　　$7 + 3$
$1 + 1$　　$7 - 2$　　$6 - 1$
$6 + 2$　　$2 + 3$
$3 + 2$　　$2 + 5$
$7 + 2$　　$10 - 2$　　$2 - 1$
$3 + 3$　　$6 + 3$

28ページ

おさらいテスト②
1～27ページの おさらいだゾ！

月　日
てん

Ⅰ こたえが おなじに なる しきを せんで
つなぎましょう。

① $4 - 2$ ──── $9 - 2$
② $2 + 3$ ──── $1 + 1$
③ $3 + 4$ ──── $7 + 2$
④ $10 - 1$ ──── $8 - 3$

Ⅱ 正しい しきに なるように □に すう字を
かきましょう。

① $8 + 2 = 10$　　② $4 + 6 = 10$

失敗しにも、たし算も
ひき算も おぼえよう！

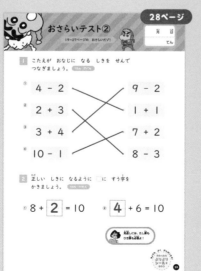

30ページ

④ ① 0と いう かず
0の けいさん

月　日
よう日

① しんちゃんと 風間くんが 玉入れを 2かいずつ
しました。 それぞれが 入れた 玉は あわせて
なんこですか。 □に かずを かきましょう。

1かい目　2かい目　しんちゃんが 入れた かず

$4 + 0 = 4$

風間くんが 入れた かず

$0 + 2 = 2$

② 1人に 5まいずつ クッキーが あります。
のこった クッキーは なんまいですか。
□に かずを かきましょう。

① ネネちゃんは 5まい たべました。

たべた かず　のこりの かず

$5 - 5 = 0$

② ボーちゃんは 1まいも たべませんでした。

$5 - 0 = 5$

33ページ

5-2 20までの かず 20までの かず②

① 11から 20までの すう字を かきましょう。

① 11 11 ② 12 12 ③ 13 13
④ 14 14 ⑤ 15 15 ⑥ 16 16
⑦ 17 17 ⑧ 18 18 ⑨ 19 19
⑩ 20 20

10の まとまりが 2こで 20と なるのだ。

② アメを かぞえて □に すう字を かきましょう。
① 12 ② 15 ③ 17 ④ 19

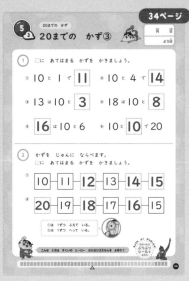

34ページ

5-3 20までの かず 20までの かず③

① □に あてはまる かずを かきましょう。
① 10と 1で 11 ② 10と 4で 14
③ 13は 10と 3 ④ 18は 10と 8
⑤ 16は 10と6 ⑥ 10と 10で 20

② かずを じゅんに ならべます。
□に あてはまる かずを かきましょう。
10－11－12－13－14－15
20－19－18－17－16－15

① 1ずつ ふえて いる。
⑭ 1ずつ へって いる。

35ページ

5-4 20までの かず 20までの かずの たしざん①

① ピーマン 12こと 4こを あわせると なんこに なりますか。
□に かずを かいて かんがえて みましょう。

12く 10 / 2　　4

① 12を 10と 2 に わける。
② 10を そのままに して、2と 4を あわせる。
2 + 4 = 6
③ 10と 6を あわせる。
10 + 6 = 16
④ だから、12こと 4こを あわせると
12 + 4 = 16 と なる。

こんなに ピーマン いらないゾ―。

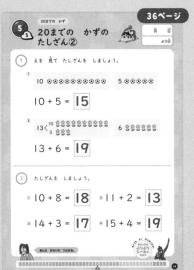

36ページ

5-5 20までの かず 20までの かずの たしざん②

① えを 見て たしざんを しましょう。
10 ⊗⊗⊗⊗⊗⊗⊗⊗⊗⊗　5 ⊗⊗⊗⊗⊗
10 + 5 = 15

13く 10 / 3 ⊗⊗⊗⊗⊗⊗⊗⊗⊗⊗ ⊗⊗⊗　6 ⊗⊗⊗⊗⊗⊗
13 + 6 = 19

② たしざんを しましょう。
① 10 + 8 = 18 ② 11 + 2 = 13
③ 14 + 3 = 17 ④ 15 + 4 = 19

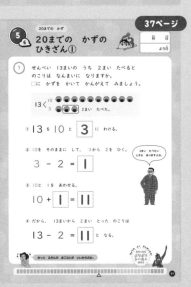

37ページ

5-6 20までの かず 20までの かずの ひきざん①

① せんべい 13まいの うち 2まい たべると のこりは なんまいに なりますか。
□に かずを かいて かんがえて みましょう。

13く 10 / 3 ●●● 2まい たべた。

① 13を 10と 3 に わける。
② 10を そのままに して、3から 2を ひく。
3 - 2 = 1
③ 10と 1を あわせる。
10 + 1 = 11
④ だから、13まいから 2まい とった のこりは
13 - 2 = 11 と なる。

2まい たべたいときも あります。

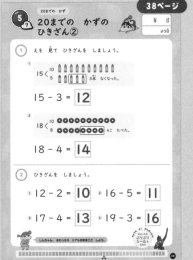

38ページ

5-7 20までの かず 20までの かずの ひきざん②

① えを 見て ひきざんを しましょう。
15く 10 / 5 3本 なくなった。
15 - 3 = 12

18く 10 / 8 ●●●●●●●●●● ●●●●○○○○ 4こ たべた。
18 - 4 = 14

② ひきざんを しましょう。
① 12 - 2 = 10 ② 16 - 5 = 11
③ 17 - 4 = 13 ④ 19 - 3 = 16

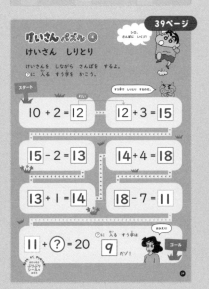

39ページ

けいさんパズル④ けいさん しりとり

けいさんを しながら さんぽを するよ。
?に 入る すう字を かこう。

スタート
10 + 2 = 12 → 12 + 3 = 15
15 - 2 = 13 14 + 4 = 18
13 + 1 = 14 18 - 7 = 11
11 + ? = 20 ?に 入る すう字は 9 だゾ！ ゴール

40ページ

おさらいテスト③

29～3ページの おさらいだゾ！

月 日
てん

1. 12+4より こたえが 大きく なる しきに 〇を、
小さく なる しきに ×を つけましょう。

① 10＋9
（〇）

② 18－5
（×）

③ 12－2
（×）

④ 14＋0
（×）

2. □の カードを つかって、こたえが 19に なる しきを
つくりましょう。カードは いちどしか つかえません。

① 1＋8＝19

② 4＋5＝19

① 2＋7＝19

1 2 3 4

① 3＋6＝19

5 6 7 8

※答えは順不同です。
※各式でカードが入れ
替わっても正解です。

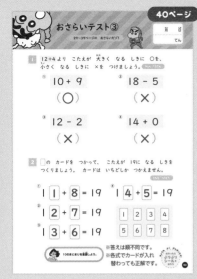

42ページ

6-1 3つの かずの けいさん

3つの かずの たしざん

月 日
よう日

① プリンは ぜんぶで なんこに なりますか。
□に すう字を かきましょう。

プリンの かず
に 1
4こ ふえました。
1＋4＝5
3こ ふえました。
5＋3＝8

1つの しきで あらわすと

1 ＋ 4 ＋ 3 ＝ 8 こたえ 8 こ

② 3つの かずの たしざんを しましょう。

① 2＋3＋2＝ 7

② 5＋1＋3＝ 9

●ときかた
2＋3＝5 ⇒ 5＋2＝7

●ときかた
5＋1＝6 ⇒ 6＋3＝9

せっかく きたんだから おかずでも のんで いこうか？

43ページ

6-2 3つの かずの けいさん

3つの かずの ひきざん

月 日
よう日

① こうえんに のこったのは なん人ですか。
□に すう字を かきましょう。

こうえんに
いた かず
8人
3人 かえりました。
8－3＝5
2人 かえりました。
5－2＝3

1つの しきで あらわすと

8 － 3 － 2 ＝ 3 こたえ 3 人

② 3つの かずの ひきざんを しましょう。

① 4－1－2＝ 1

② 7－2－3＝ 2

●ときかた
4－1＝3 ⇒ 3－2＝1

●ときかた
7－2＝5 ⇒ 5－3＝2

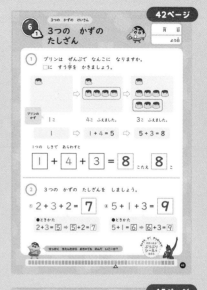

44ページ

6-3 3つの かずの けいさん

3つの かずの けいさん①

月 日
よう日

① エビフライは なん本に なりましたか。
□に 入る すう字を かきましょう。

エビフライの
かず
4本
2本 ふえました。
4＋2＝6
3本 へりました。
6－3＝3

1つの しきで あらわすと

4 ＋ 2 － 3 ＝ 3 こたえ 3 本

② 3つの かずの けいさんを しましょう。

① 6＋3－4＝ 5

② 8－2＋3＝ 9

●ときかた
6＋3＝9 ⇒ 9－4＝5

●ときかた
8－2＝6 ⇒ 6＋3＝9

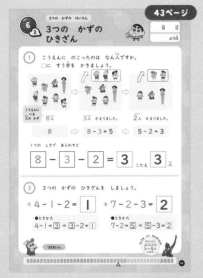

45ページ

6-4 3つの かずの けいさん

3つの かずの けいさん②

月 日
よう日

① 3つの かずの けいさんを しましょう。

① 1＋2＋1＝ 4

② 4＋1＋2＝ 7

③ 5－1－2＝ 2

④ 6－2－3＝ 1

⑤ 9－5－0＝ 4

左から じゅんに
けいさんするのよ。

⑥ 1＋5－3＝ 3

⑦ 6－2＋1＝ 5

⑧ 9－4＋1＝ 6

⑨ 8－5＋4＝ 7

あー、あと
1もんだゾ～！

⑩ 9－8＋7＝ 8

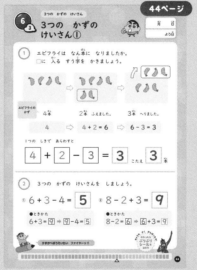

46ページ

けいさんパズル⑥

オラ、まけたくないゾ！

たしざん めいろ

めいろを とおりながら たしざんを するよ。
いちばん 大きい かずに なるのは だれかな。

5
3
4
0
2
1
1
2
?
?
?

しきを かいて みよう。□には なまえを かこう。

ひろし 5 ＋ 1 ＋ 1 ＝ 7

みさえ 3 ＋ 0 ＋ 2 ＝ 5

しんちゃん 4 ＋ 2 ＋ 3 ＝ 9

いちばん 大きい かずは しんちゃん だよ。

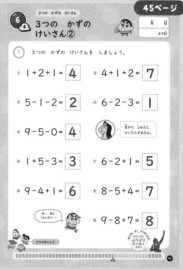

48ページ

7-1 くりあがりの ある たしざん

くりあがりの ある たしざん①

月 日
よう日

① りんご 9こと 6こを あわせると なんこに なりますか。
□に かずを かいて かんがえて みましょう。

① 9は あと 1 で 10に なる。

↓

② だから、6を 1 と 5 に わける。
6
1 5

9と 1を あわせて 10に する

③ 10と 5 で 15 と なる。
9＋6
10 5

だから、9こと 6こを あわせると

9 ＋ 6 ＝ 15 と なるよ。

では、たしざんより べにさきどりたいの しゅうきゅうを はじめるゾ！

49ページ

7-2 くりあがりの ある たしざん

くりあがりの ある たしざん②

月 日
よう日

① おりがみ 4まいと 7まいを あわせると
なんまいに なりますか。
□に かずを かいて かんがえて みましょう。

やりかた① 4を 10に する

4は あと 6 で10だから、7を 6 と 1 に わける。

10と 1 で 11 と なる。

やりかた② 7を 10に する

7は あと 3 で10だから、4を 3 と 1 に わける。

10と 1 で 11 と なる。

どちらの やりかたも 4＋7＝ 11 と なるよ。

ターっか この ために 生きてるゾ！

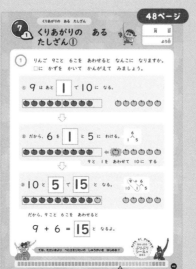

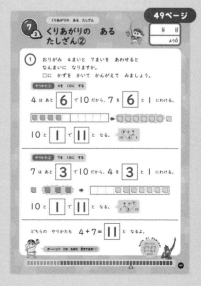

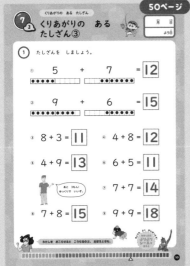

7③ くりあがりの ある たしざん③ 〔50ページ〕

① たしざんを しましょう。

① 5 + 7 = **12**

② 9 + 6 = **15**

③ 8 + 3 = **11**　④ 4 + 8 = **12**

⑤ 4 + 9 = **13**　⑥ 6 + 5 = **11**

⑦ 7 + 7 = **14**

⑧ 7 + 8 = **15**　⑨ 9 + 9 = **18**

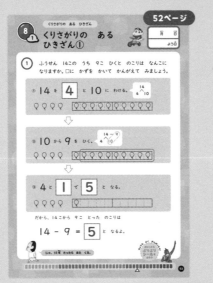

8① くりさがりの ある ひきざん① 〔52ページ〕

① ふうせん 14こ の うち 9こ ひくと のこりは なんこに なりますか。□に かずを かいて かんがえて みましょう。

① 14 を **4** と 10 に わける。

② 10 から 9 を ひく。

③ 4 と **1** で **5** と なる。

だから、14から 9こ とった のこりは

14 - 9 = **5** と なるよ。

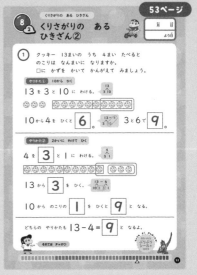

8② くりさがりの ある ひきざん② 〔53ページ〕

① クッキー 13まいの うち 4まい たべると のこりは なんまいに なりますか。□に かずを かいて かんがえて みましょう。

〔やりかた1〕10から ひく

13 を 3 と 10 に わける。

10 から 4 を ひくと **6**。 3と6で **9**。

〔やりかた2〕2かいに わけて ひく

4 を **3** と 1 に わける。

13 から **3** を ひく。

10 から のこりの **1** を ひくと **9** と なる。

どちらの やりかたも 13 - 4 = **9** と なるよ。

8③ くりさがりの ある ひきざん③ 〔54ページ〕

① ひきざんを しましょう。

① 12 - 8 = **4**

② 15 - 6 = **9**

③ 11 - 5 = **6**　④ 12 - 5 = **7**

⑤ 14 - 7 = **7**

⑥ 13 - 7 = **6**　⑦ 11 - 9 = **2**

⑧ 16 - 8 = **8**　⑨ 18 - 9 = **9**

けいさんパズル⑥ たしざん すいかと ひきざん すいか 〔55ページ〕

赤の すいかは たしざんを、白の すいかは ひきざんを しよう。○には どんな すう字が 入るかな。

赤の すいか：15 9 6 5 4 2

白の すいか：18 6 ① 12 5 ⑦

17 9 6 8 ③ ⑤

19 11 6 7 ④ 4

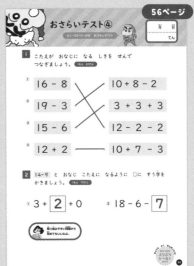

おさらいテスト④ 〔56ページ〕

1 こたえが おなじに なる しきを ぜんぶ つなぎましょう。

① 16 - 8 —— 10 + 8 - 2
② 19 - 3 —— 3 + 3 + 3
③ 15 - 6 —— 12 - 2 - 2
④ 12 + 2 —— 10 + 7 - 3

2 14-9 と おなじ こたえに なるように □に すう字を かきましょう。

① 3 + **2** + 0　② 18 - 6 - **7**

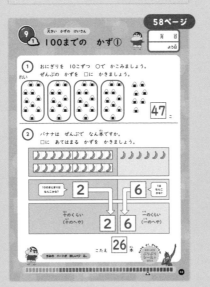

9① 100までの かず① 〔58ページ〕

① おにぎりを 10こずつ ○で かこみましょう。ぜんぶの かずを □に かきましょう。

47 こ

② バナナは ぜんぶで なん本ですか。□に あてはまる かずを かきましょう。

10のまとまりは なんこか → **2**　1は なん本か → **6**

十のくらい（十のへや）**2**　一のくらい（一のへや）**6**

こたえ **26** 本

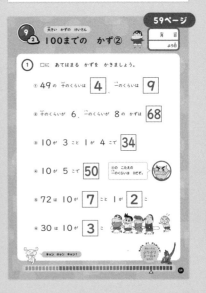

9② 100までの かず② 〔59ページ〕

① □に あてはまる かずを かきましょう。

① 49の 十のくらいは **4** 一のくらいは **9**

② 十のくらいが 6 一のくらいが 8 の かずは **68**

③ 10が 3こと 1が 4こで **34**

④ 10が 5こで **50**

⑤ 72は 10が **7** こと 1が **2** こ

⑥ 30は 10が **3** こ

60ページ

9 ③ 大きい かずの けいさん
100までの かず③

月　日　よう日

① 1から 100までの かずを ならべます。
□に かずを かいて かんせい させましょう。

1	2	3	4	5	6	7	8	9	10
11	12	13	14	15	16	17	18	19	20
21	22	**23**	24	25	26	27	28	29	30
31	32	33	34	35	36	37	**38**	39	40
41	42	43	44	45	46	47	48	49	**50**
51	52	53	54	**55**	**56**	57	58	59	60
61	**62**	63	64	65	66	67	68	69	70
71	72	73	74	75	76	77	78	**79**	80
81	**82**	83	84	85	86	**87**	88	89	90
91	92	93	**94**	95	96	97	98	99	100

たてや よこに ならんだ かずの きまりを かんがえて みよう。

61ページ

9 ④ 大きい かずの けいさん
100より 大きい かず

月　日　よう日

① クッキーは ぜんぶで なんまい ありますか。
□に かずを かいて かんがえて みましょう。

1つの はこに 10まい 入って いるよ。

10が **10** こ、1が **3** こ あります。

10が 10こ あつまった かずを「百」と いい、「100」と かきます。
100と 3を あわせると **103** と なります。

② 1ずつ かずが 大きく なるように ならべます。
□に 入る かずを かきましょう。

① 99 - 100 - **101** - 102 - **103** - 104

② 105 - **106** - 107 - **108** - **109** - 110

これから ママと おでかけなんだ。バイバーイ。

62ページ

9 ⑤ 大きい かずの けいさん
大きい かずの たしざん①

月　日　よう日

① ウインナーが 10こ のった おさらが 3まいと ミートボールが 10こ のった おさらが 4まい あります。
ウインナーと ミートボールは あわせて なんこでしょう。

十のくらいは 3と 4、3と 4を あわせると—？

しき 30 + 40 = **70**　こたえ **70** こ

② ちゅうしゃじょうに 車が 25だい とまって います。
あとから 車が 3だい 入って きました。
車は あわせて なんだいでしょう。

しき 25 + 3 = **28**　こたえ **28** だい

すれちがいざま、すれちがった あとの 103より すくないんだゾ。

63ページ

9 ⑥ 大きい かずの けいさん
大きい かずの たしざん②

月　日　よう日

① たしざんを しましょう。

① 10 + 10 = **20**　② 30 + 20 = **50**

③ 50 + 30 = **80**　④ 70 + 20 = **90**

⑤ 10 + 80 = **90**

⑥ 32 + 1 = **33**　⑦ 23 + 2 = **25**

⑧ 55 + 3 = **58**　⑨ 43 + 4 = **47**

⑩ 61 + 8 = **69**　⑪ 92 + 6 = **98**

まだ もりもり あるわよー。

ちがいの わかる 子ども、OKだ しんのすけ うまい。

64ページ

9 ⑦ 大きい かずの けいさん
大きい かずの ひきざん①

月　日　よう日

① うんちが 30こ あります。
20こ かたづけると のこりは なんこですか。

十のくらいは 3と 2だから、3から 2を ひいて…。

20こ かたづける

しき 30 - 20 = **10**　こたえ **10** こ

このページ、うんちだらけだ…。

② いぬの うんちが 27こ あります。
しんちゃんが 4こ もって かえると のこりは なんこですか。

4こ もって かえる

しき 27 - 4 = **23**　こたえ **23** こ

うんこマン さんじょう！！

65ページ

9 ⑧ 大きい かずの けいさん
大きい かずの ひきざん②

月　日　よう日

① ひきざんを しましょう。

① 40 - 10 = **30**　② 60 - 20 = **40**

③ 90 - 80 = **10**　④ 80 - 30 = **50**

⑤ 100 - 70 = **30**

⑥ 33 - 2 = **31**　⑦ 48 - 5 = **43**

⑧ 77 - 4 = **73**　⑨ 56 - 6 = **50**

⑩ 89 - 7 = **82**　⑪ 97 - 3 = **94**

あと、もう1ファイトー！！

じゃ、そのあとも、ちゃんと おさら ふくんでー…。

66ページ

けいさん パズル⑦
大きい かずは だれだ？

キミに わかるかな？

だれが いちばん 大きい かずの カードを もって いるかな。□に 名まえを かこう。

しんのすけ	60 + 10 = **70**	50 - 20 = **30**	ネネちゃん
かざま	47 - 5 = **42**	32 + 4 = **36**	ひまわり
ボーちゃん	63 + 6 = **69**	90 - 30 = **60**	まさおくん
マサオくん	96 - 2 = **94**	10 + 70 = **80**	ボーちゃん

いちばん 大きい かずの カードを もって いるのは

マサオくん

だよ。

67ページ

おさらいテスト⑤
57ページ～66ページの さんすいだゾ！

月　日　てん

1 左から かずが 大きい じゅんに カードを ならべましょう。　1もん 20てん

① 18　45　30　57　26

(大きい) **57**　**45**　**30**　**26**　**18** (小さい)

② 83　61　77　100　98

(大きい) **100**　**98**　**83**　**77**　**61** (小さい)

2 ただしい しきに なるように □に すう字を かきましょう。　1もん 15てん

① 2 + 3 + **5** = 10

② 6 + **6** - 2 = 10

60ページの 答を 見てもいいんだゾ！

68ページ

1年 かくにんテスト①

1 かずを かぞえて □に すう字を かきましょう。 1もん 20てん

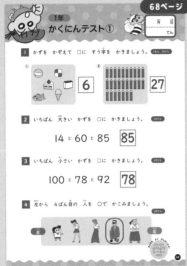

① **6** ② **27**

2 いちばん 大きい かずを □に かきましょう。 10てん

14 と 60 と 85 **85**

3 いちばん 小さい かずを □に かきましょう。 20てん

100 と 78 と 92 **78**

4 左から 4ばん目の 人を ○で かこみましょう。 20てん

69ページ

1年 かくにんテスト②

1 つぎの すう字は いくつと いくつに わけられますか。 □に あてはまる すう字を かきましょう。 1もん 10てん

① **7** = **2** と **5**
② **9** = **1** と **8**
③ **10** = **4** と **6**

2 □に あてはまる すう字を かきましょう。 1もん 10てん

① 10 と 8 で **18**　② 13 は 10 と **3**
③ **14** は 10 と 4　④ 10 と **9** で 19
⑤ 十のくらいが 7、一のくらいが 2の かずは **72**
⑥ 36 の 十のくらいは **3**　一のくらいは **6**

70ページ

1年 かくにんテスト③

1 たしざんの しきと こたえを かきましょう。 1もん 20てん

① ひまわりぐみの 花だんに チューリップが 8本、ばらぐみの 花だんには 5本 あります。チューリップは ぜんぶで なん本でしょう。

しき **8 + 5 = 13**　こたえ **13** 本

② ボーちゃんが 石を 73こ、しんちゃんが 石を 4こ もって います。石は あわせて なんこでしょう。

しき **73 + 4 = 77**　こたえ **77** こ

2 たしざんを しましょう。 1もん 10てん

① 42 + 0 = **42**　① 1 + 5 + 2 = **8**
② 7 + 9 = **16**　② 30 + 60 = **90**

71ページ

1年 かくにんテスト④

1 ひきざんの しきと こたえを かきましょう。 1もん 20てん

① 風間くんが 本を 14さつ、しんちゃんが 本を 5さつ よみました。ちがいは なんさつですか。

しき **14 - 5 = 9**　こたえ **9** さつ

② とりが 37わの うち、6わ とんで いきました。のこりは なんわですか。

しき **37 - 6 = 31**　こたえ **31** わ

2 ひきざんを しましょう。 1もん 10てん

① 32 - 0 = **32**　③ 8 - 2 - 4 = **2**
② 13 - 9 = **4**　④ 60 - 50 = **10**

72ページ

1年 かくにんテスト⑤

1 けいさんを しましょう。 1もん 5てん

① 6 + 7 = **13**　② 14 - 8 = **6**
③ 60 + 20 = **80**　④ 100 - 40 = **60**
⑤ 8 + 71 = **79**　⑥ 86 - 3 = **83**
⑦ 9 + 0 + 1 = **10**　⑧ 7 - 3 - 4 = **0**
⑨ 4 + 8 + 2 = **14**　⑩ 11 - 2 - 4 = **5**
⑪ 6 + 3 - 5 = **4**　⑫ 8 - 4 + 3 = **7**

修了証

（しゅうりょうしょう）

あなたは 「クレヨンしんちゃん 算数ドリル 小学1年生 たしざん・ひきざん」の 学習を がんばり、1年生の けいさんを マスターした ことを 証します。

・・・・・・・・・・・・・ さん

年　月　日

たいへん よく できました！
ここに 修了シールを はろう！